AF340977

NOTES

SUR

L'ACTINOMYCOSE

DES

ANIMAUX

Par Ed. NOCARD, d'Alfort

PARIS

TYPOGRAPHIE & LITHOGRAPHIE A. MAULDE & Cie

144, RUE DE RIVOLI, 144

—

1892

L'ACTINOMYCOSE DES ANIMAUX [1]

Par Ed. NOCARD, d'Alfort

Il n'y a guère plus de trois ou quatre ans que les éleveurs des États-Unis d'Amérique ont découvert que leurs bœufs étaient parfois atteints comme ceux de la vieille Europe de ces tumeurs des os de la face (*ostéo-sarcôme, spina ventosa*), que nous savons être provoquées par un champignon spécial, l'*actinomyces bovis*. — Ce fut pour eux comme une révélation ; et chaque jour les journaux spéciaux signalaient de nouveaux cas de la « maladie nouvelle » en sorte que bientôt, la presse politique s'en mêlant, il sembla que l'élevage du bétail américain était compromis par une nouvelle épizootie plus redoutable que la tuberculose et la péripneumonie, et des écrivains agricoles qui passaient pour sérieux n'hésitèrent pas à proposer de détruire par le feu tous les animaux atteints et de livrer à la boucherie tous les animaux saisis qui avaient pu subir le contact des malades.

Cet affolement devait trouver un écho en France ; la Société n'a pas oublié la vive campagne qui fut menée, voilà tantôt deux ans, par un grand nombre de journaux agricoles et politiques contre l'importation du bétail américain : « il ne fallait pas exposer le cheptel national à contracter cette peste d'un nouveau genre ! » Les arguments ne manquaient pas aux protectionnistes ; ils n'avaient qu'à puiser dans les journaux américains pour y trouver chaque jour de nouvelles armes ; ils invoquaient surtout l'autorité d'un savant publiciste agricole, leur adversaire de tous les jours, qui, mieux informé d'ordinaire, fut l'un des premiers et des plus ardents à soulever la question.

Pas n'est besoin de démontrer ici l'inanité des craintes, simulées ou sincères, dont le bruit est parvenu jadis jusqu'au Comité des épizooties. — Nous savons tous que les « tumeurs des mâchoires » sont connues de temps immémorial en France ; nos plus vieilles collections en renferment de nombreux spécimens ; les hippiatres les avaient déjà signalées et cependant on ne peut nier que, dans notre pays, elles constituent, encore aujourd'hui, un fait rare, on pourrait dire exceptionnel. L'actinomycose n'a donc qu'une très faible faculté d'expansion, et l'élevage français ne serait pas mis en péril, parce que l'on importerait d'Amérique des bœufs atteints d' « ostéosarcôme des mâchoires ».

Mais si l'on sait pertinemment que l'actinomycose des bovidés existe en France depuis longtemps déjà, les documents officiels, les recueils spéciaux ne renferment que des renseignements très vagues sur sa fréquence dans les

---

(1) Communiqué à la Société Centrale de Médecine vétérinaire, dans sa Séance du 24 mars 1892.

divers pays d'élevage; nous savons seulement qu'elle est beaucoup plus rare chez nous que dans certains districts de la Bavière, de la Saxe, de la Lombardie, de la Hollande, du Danemark, de l'Angleterre; mais nous ne possédons aucun chiffre, même approximatif, sur le pourcentage des cas.

Le service sanitaire du marché de La Villette s'est efforcé de combler cette lacune et voici, résumés en deux tableaux dressés par MM. Redon et Bourg, les résultats de l'enquête minutieuse qui a été poursuivie à cet égard pendant 7 mois, du 1er février au 31 août 1891.

MARCHÉ AUX BESTIAUX DE LA VILLETTE

ORIGINE DES ANIMAUX (*Variétés*)	NOMBRE D'ANIMAUX entrés du 1er février au 31 août 1891	NOMBRE de cas D'ACTINOMYCOSE	PROPORTION pour MILLE
Choletaise............	22.125	15	0.67
Limousine............	31.539	4	0.12
Charolaise...........	17.740	7	0.90
Nivernaise...........	15.982	19	0.31
Fémeline (Franche-Comté).	10	1	???
Auvergnate..........	11.453	7	0.55
Bretonne............	8.039	1	0.11
Mancelle............	3.054	9	2.94
Mancelle-Durham......	1.023	1	1.00
Hollandaise..........	548	1	1.82
Normande...........	17.652	27	1.52
Flamande...........	1.330	1	0.75
Américaines.........	903	0	0
Totaux.......	131.398	95	soit 0.72 pr mille

SEXE		AGE DES ANIMAUX							ÉTAT D'EMBONPOINT des ANIMAUX			GROSSEUR de la TUMEUR			SITUATION DE LA TUMEUR					
																	MACHOIRE			
																	supérieure		inférieure	
BŒUFS	VACHES	2 à 3 ans.	3 à 4 ans.	4 à 5 ans.	5 à 6 ans.	6 à 7 ans.	7 à 8 ans.	8 à 9 ans.	Maigre	Satisfaisant	Bon état	Œuf	Poing	Tête d'enfant	Langue	Corps du maxillaire	droite	gauche	droite	gauche
72	23	8	21	31	15	11	4	5	12	26	57	14	58	23	1	5	17	23	23	26
95		95							95			95			95					

95 cas d'actinomycose sur plus de 130,000 animaux, cela fait 0,72 pour mille, soit un malade sur 1,400 sujets. — Ce n'est guère si l'on songe que dans certaines provinces de l'Angleterre, de l'Allemagne ou de l'Italie, on estime à plus de 5 pour cent le nombre des bovidés atteints de cette affection ; c'est plus cependant que je ne le pensais.

Ce sont les Manceaux et les Normands qui donnent les chiffres les plus élevés ; les Bretons et les Limousins sont presqu'indemnes : 1 sur 10,000.

Toutefois, il ne faut pas oublier que ces chiffres ne s'appliquent qu'aux formes extérieures de l'actinomycose, aux tumeurs des mâchoires ; car au marché de La Villette on ne voit que des animaux vivants : les cas d'actinomycose viscérale échappent forcément aux inspecteurs. Mais nous savons que, dans notre pays tout au moins, la lésion des mâchoires est à peu près la seule que l'on observe ; les autres localisations sont si rares qu'on peut les considérer comme négligeables, *au point de vue de la statistique* ; elles n'en présentent pas moins un grand intérêt au point de vue scientifique.

Le premier cas d'actinomycose pulmonaire a été observé en décembre 1887, par notre collègue M. Moulé, sur une vache sacrifiée à l'abattoir de Levallois-Perret ; il s'agissait d'une tumeur unique, plus grosse que le poing ; cette tumeur était isolée du tissu pulmonaire sain par une sorte de coque fibreuse très épaisse et très résistante ; sur la coupe, elle se montrait formée d'un tissu de couleur gris-rosé, très mou, piqueté d'une infinité de petits grains jaunâtres, facilement énucléables, résultant de l'agglomération d'un grand nombre de gazons d'actinomyces. En aucun point, la tumeur n'avait suppuré ; le parasite y existait à l'état de pureté ; (j'ai pu en obtenir des cultures pures par ensemencement direct ;) le tissu nouveau dont il avait provoqué la formation avait la structure du sarcôme embryonnaire.

En 1888, M. Leclerc à Lyon, M. Bascou à La Villette, recueillaient chacun un cas semblable : la tumeur, encore unique, avait un volume considérable, une coque fibreuse très épaisse ; mais dans le cas de M. Bascou, elle était en voie de ramollissement et son incision laissait écouler une matière épaisse, puriforme, pleine de grains d'actinomyces. Néanmoins ce pus ne renfermait pas d'autres parasites.

Un nouveau cas d'actinomycose pulmonaire a été signalé par M. Greffier en 1890 ; au lieu d'une tumeur volumineuse, unique, il s'agissait d'un grand nombre de petites nodosités disséminées dans tout le parenchyme ; mais chacune avait les mêmes caractères que précédemment : paroi indurée, épaisse ; tissu mou, jaune rosé, piqueté de grains de couleur jaune soufre.

Vous retrouverez ces mêmes caractères sur les pièces que j'ai l'honneur de mettre sous vos yeux ; il s'agit d'un foie de bovidé recueilli à l'abattoir de La Villette par M. Greffier ; ce foie renfermait plusieurs tumeurs molles farcies de grains d'actinomyces ; le parenchyme hépatique est isolé des tumeurs par une coque fibreuse extrêmement épaisse et résistante ; il est manifestement cirrhosé dans les parties voisines des tumeurs.

Jusqu'à ces derniers mois, on n'avait pas réussi à observer en France un seul cas *d'actinomycose de la langue*, cette affection si curieuse que les paysans de Hollande et d'Allemagne connaissent bien sous le nom de *langue de bois (Holzzunge)*. — Pour ma part, il y a plus de dix ans que j'en cherche et que je demande à mes anciens élèves de m'adresser toutes les langues de bœuf qui leur paraîtraient malades ; j'ai pu étudier ainsi plusieurs cas de tuberculose, de sarcôme et d'épithéliôme de la langue ; jamais je n'ai pu mettre la main sur un cas d'actinomycose ; quand j'en avais besoin pour mon cours ou pour les travaux de mon laboratoire, il me fallait m'adresser à l'étranger ; c'est ainsi que les collègues Rivolta, de Pise et Thomassen, d'Utrecht, m'ont envoyé à diverses reprises de superbes échantillons de cette curieuse affection.

Deux de mes anciens élèves, les frères Godbille, dont l'un est vétérinaire à Wignehies (Nord) et l'autre vétérinaire sanitaire au marché de La Villette, viennent de recueillir un certain nombre d'observations d'actinomycose de la langue ; ils en ont fait une relation intéressante que je vous ai présentée en leur nom dans la séance du 22 octobre dernier et qu'ils ont complétée, depuis, par plusieurs notes qu'ils m'ont adressées directement, en ma qualité de rapporteur de leur premier travail.

Vu l'intérêt qu'il présente, je crois devoir en citer textuellement les principaux passages :

Au mois d'août dernier, j'étais en vacances chez mon frère à Wignehies, — c'est M. Godbille de Paris qui parle, — quand un herbager d'Etrœungt, M. Lebrun, nous fit prier de visiter des vaches d'engrais atteintes d'une maladie étrange qui lui semblait contagieuse.

Dès notre arrivée dans la pâture, on nous présenta 5 vaches malades, toutes âgées d'environ 4 ans.

L'une, de race normande, la plus malade, offrait les symptômes suivants : elle tenait la bouche béante, la langue tuméfiée, doublée de volume, saillait hors de la bouche, dépassant les incisives de plus de 5 centimètres ; la région de l'auge formait dans toute son étendue une protubérance du volume du bras ; une salive épaisse et visqueuse s'écoulait en longs filaments des lèvres et de la langue ; le peu d'aliments que la bête pouvait prendre restait dans la bouche, la déglutition étant devenue impossible.

L'exploration de la bouche nous montra une langue énorme remplissant toute la cavité, refoulant tous les tissus mous de l'auge, débordant les arcades incisives ; l'organe était dur, rigide, presque insensible ; la muqueuse paraissait lisse, dépouillée en partie de ses papilles ; sa couleur était jaunâtre, elle était parsemée de petites plaies superficielles, d'apparence ulcéreuse, isolées ou confluentes, dont les dimensions variaient de celles d'une tête d'épingle à celle d'une lentille.

Les autres vaches, de race nivernaise, étaient moins gravement atteintes, pas de procidence de la langue ; ptyalisme abondant ; tuméfaction plus ou moins considérable de la région de l'auge. A l'exploration de la bouche, la base de la langue se montrait volumineuse. d'une dureté ligneuse, couverte d'ulcérations surtout confluentes sur les parties latérales exposées continuellement à l'action vulnérante des aspérités dentaires ; l'extrémité libre de l'organe semblait à peu près indemne. Néanmoins, au dire du propriétaire, ces quatre vaches ne pâturaient qu'avec les plus grandes difficultés.

Le début de la lésion remonterait à trois semaines environ. Sur les 15 bêtes qui pâturaient en commun, 7 s'étaient mises presque en même temps à saliver abondamment, à prendre l'herbe avec difficulté. Après 4 ou 5 jours, le ptyalisme avait disparu et tout paraissait rentré dans l'ordre quand les mêmes symptómes se manifestèrent à nouveau sur 5 des 7 vaches primitivement atteintes, et s'aggravèrent au point que le propriétaire crut devoir recourir au vétérinaire.

Plusieurs fois déjà, mon frère et moi, nous avions vu des lésions analogues, mais toujours sur des cas isolés ; toujours l'altération commençait par la partie renfléc de la langue et il fallait bien de 25 à 40 jours pour que l'induration envahit l'organe entier.

Il nous a semblé, — et c'est aussi l'avis des marchands de vaches de la région, — que cette affection, comme le charbon et la bronchite vermineuse, est l'apanage des étés pluvieux; elle ne se montre pas en dehors de la saison des regains, c'est-à-dire du commencement d'août à la mi-octobre.

Les sujets malades étant en bon état de graisse, le propriétaire se décida à les faire sacrifier plutôt que de s'exposer à les voir dépérir.

M. Godbille voulut bien m'apporter l'une des langues, la plus malade.

Elle est presque doublée de volume dans tous les sens, dure, noueuse, peu flexible ; sa consistance et sa souplesse sont celles du cuir.

La face supérieure et les faces latérales sont comme mouchetées de petites ulcérations très superficielles où la desquammation épidermique a mis à nu un tissu rosé, piqueté de petits grains irréguliers, de couleur jaune-soufre, ayant les dimensions d'une tête d'épingle ou d'un grain de mil. L'examen microscopique le plus simple, montre que ces grains résultent d'agglomération d'un grand nombre de touffes d'actinomyces.

Chacun de ces grains a provoqué le développement d'un nodule tuberculiforme, dont la partie centrale est en voie de caséification.

Ces nodules spécifiques n'existent que dans le tissu sous-muqueux et n'empiètent que fort peu sur le tissu musculaire de l'organe ; les coupes multipliées en tous sens n'y montrent pas autre chose qu'une infiltration séreuse considérable, avec épaississement de tout le tissu conjonctif ; on dirait le début d'une glossite interstitielle tendant à la sclérose ; entre les cloisons conjonctives hypertrophiées, les faisceaux de fibres musculaires montrent une teinte plus pâle, un peu jaunâtre, comme lavée.

Ce sont là les lésions du début ; mais lorsque la maladie est plus ancienne, les altérations deviennent beaucoup plus importantes et simulent absolument l'envahissement de l'organe par une néoplasie sarcomateuse ou tuberculeuse ; même à un examen extérieur, la langue paraît farcie de nodules cancéreux, de volume variable, depuis celui d'un grain de chènevis jusqu'à celui d'une noisette ou même d'une noix ; ces tumeurs sont un peu en saillie à la surface de l'organe ; elles ont une coloration blanchâtre ; la muqueuse semble ulcérée à leur niveau ; tout au moins elle a perdu son revêtement épidermique ; sur la coupe, on voit les nodules plonger plus ou moins profondément dans l'épaisseur de la langue ; leur consistance est ferme ; en les malaxant on fait sourdre à la surface une matière caséeuse au milieu de laquelle on trouve une grande quantité de petits grains jaune-pâle d'actinomyces. — Le tissu musculaire est décoloré et comme étouffé par la compression du tissu cellulaire interstitiel, hypertrophié et induré.

La pièce que je mets sous vos yeux vous donnera une bonne idée de l'actinomycose linguale à cette période avancée de la maladie.

Il s'agissait donc bien de l'actinomycose de la langue, de la *langue de bois* (Holzzunge des Allemands).

M. Godbille terminait sa note en mettant en parallèle la fréquence relative de cette affection dans la région herbagère de la Thiérarche et de l'Helpe et sa grande rareté dans les autres régions de la France. « Depuis un an, dit-il, que je suis chargé de l'inspection sanitaire des bestiaux amenés sur le marché de La Villette, je n'en ai pas vu un seul cas, malgré le nombre considérable d'animaux qui me sont passés entre les mains. »

Depuis, M. Godbille a été plus heureux ; il a pu observer quatre cas de « *langue de bois* » ; deux des animaux provenaient du pays de Bray (Seine-Inférieure), un troisième venait de Maine-et-Loire, le quatrième de la Nièvre.

*
* *

Ç'eût été le cas d'essayer le traitement ioduré si chaudement recommandé par M. Thomassen, d'Utrecht ; il y a déjà bien longtemps — c'était en 1885 — que notre distingué collègue publiait dans l'*Écho Vétérinaire*, de Liège, les résultats que lui avait donnés l'administration interne de l'iodure de potassium dans le cas de « *Glossite actinomycotique* ». Son travail se terminait ainsi : « Nous répétons que le traitement par l'iodure de potas-« sium suffit toujours ; à la rigueur on pourrait y joindre le traitement local avec la teinture d'iode. »

Aujourd'hui, m'écrivait récemment M. Thomassen, je me borne absolument au traitement interne ; j'administre chaque jour, en une fois, 6 grammes d'iodure de potassium dans une demi-bouteille d'eau et dès que l'on constate une certaine amélioration, ce qui se produit toujours dans la huitaine, j'abaisse la dose à 4 gr., 5 gr. au plus. Les animaux supportent bien ce traitement, à part les accidents ordinaires de l'iodisme qui ne sont jamais bien inquiétants, on les voit promptement s'améliorer ; à leur arrivée ils étaient en mauvais état, une bave filante s'écoulant continuellement de la bouche, l'auge fortement tuméfiée, la langue faisant parfois saillie en dehors, énorme, dure, parsemée de nodosités jaunâtres, inflexible au point que l'appréhension des aliments et la mastication étaient impossibles ; en moins de huit jours, ils sont de nouveau en état de prendre du foin ; jamais ils ne restent plus d'un mois dans les hôpitaux, qu'ils quittent complètement guéris, au cas où la lésion est limitée à la langue et aux parties molles avoisinantes après un traitement d'une durée moyenne de quinze jours.

Fort d'une expérience portant sur plus de 80 cas bien constatés, je n'hésite pas à dire que le traitement par l'iodure de potassium *réussit toujours :* la meilleure preuve de son efficacité est que, l'an dernier, j'ai eu beaucoup de peine à vous procurer une « langue de bois », bien que nous ayons toujours dans nos hôpitaux un ou deux malades.

Fait à noter, ajoute M. Thomassen, en terminant, c'est que ces malades si nombreux, viennent tous d'une même localité peu étendue, englobant cinq ou six communes à peine.

*
* *

M. Godbille, paraissant avoir souvent l'occasion de voir l'actinomycose de de la langue, je l'engageai vivement à recourir, le cas échéant, au traitement si simple et si efficace de M. Thomassen, lui garantissant le succès. Cette occasion se présenta bientôt et voici la note très concise dans laquelle M. Godbille (de Wignehies), me rendait compte des résultats qu'il a obtenus :

1re observation. — Le 23 septembre, je suis appelé à Mondrepuis (Aisne), pour une vache ardennaise âgée de quatre ans. Je reconnais aussitôt qu'elle a la « langue de bois » : la langue est un tiers plus grosse qu'à l'état normal, elle est dure, peu mobile, ses faces supérieure et latérales sont parsemées de nodules jaunâtres ; elle bave abondamment, l'auge est fortement tuméfiée, œdémateuse ; la préhension des aliments et la mastication est très difficile ; la température est normale : 37°7. Au dire du propriétaire, la maladie ne remonte pas à plus de dix jours.

La vache est laissée en pâture, et je prescris l'administration quotidienne de 12 grammes d'iodure de potassium, en deux fois, dans un demi-litre d'eau.

Dix jours après, je trouve les symptômes fortement amendés ; la bête ne bave pour ainsi dire plus ; la tuméfaction de l'auge a presque entièrement disparu ; la langue a repris son volume normal et sa mobilité ; les nodules jaunâtres n'existent plus ; on voit à leur place des taches rosées, granuleuses, véritables cicatrices non encore recouvertes d'épithélium. — La vache mange bien, elle a le flanc rempli, la lactation est revenue au chiffre normal ; la température est de 38° 5.

Mais ce qui est curieux, c'est que toute la peau est recouverte de minces et larges pellicules épidermiques de couleur jaune orangé, surtout abondantes des deux côtés de l'encolure ; les yeux sont gonflés, larmoyants, il y a du coryza et de la diarrhée.

Ces manifestations si nettes de l'iodisme, étaient déjà très apparentes dès le 6e jour du traitement.

L'animal étant en bonne voie de guérison, et l'organisme paraissant saturé d'iodure de potassium, je suspend le traitement, on se bornera à des lavages fréquents de la bouche avec une forte solution de mélassse et de vinaigre.

Huit jours après, la guérison était complète.

2e observation. — Le 8 octobre 1891, je vois à Wignehies une vache maroillaise âgée de 9 ans. Elle a une « langue de bois » datant de huit jours. Je la fais remettre à l'étable et lui fais chaque jour donner 10 grammes d'iodure de potassium en deux fois. — On lui donne de l'herbe fraîchement coupée et des breuvages au son et à la farine d'orge.

Dix jours après, je constate une grand amélioration ; il y a des signes d'iodisme moins accusés que sur la première vache ; les yeux sont légèrement gonflés et larmoyants ; mais l'exfoliation épidermique est très accusée et les poils sont remplis de pellicules.

Croyant l'animal guéri, je le fis remettre à la pâture ; on cessa tout traitement, mais au bout de quelques jours, la préhension des aliments redevint difficile, l'auge s'empâta et l'on dut ramener la vache à l'étable ; on lui redonna de l'iodure de potassium, 6 grammes matin et soir: l'iodisme reparut bientôt, plus intense qu'à la première fois et tout rentra dans l'ordre.

J'ai revu la bête le 15 janvier dernier, la guérison s'est maintenue.

3e observation. — Il s'agit d'un bœuf durham-manceau, âgé de quatre ans, appartenant à M. Delsaux, de Fourmies. Depuis quelques jours, il ne mange plus et salive abondamment. A l'examen de la bouche, la langue parait absolument normale. Par contre, le palais est tuméfié et parsemé de nodules jaunâtres en tout semblables à ceux qu'on trouve sur les langues de bois. Température, 39° 5. Dans la même pâture, six semaines auparavant (fin juillet 1891), un bœuf a présenté de l'actinomycose de la langue ; on l'a sacrifié pour la boucherie.

Je fais administrer de l'iodure de potassium à doses décroissantes : 15 grammes le 1er jour, 13 grammes le 2e, puis 11 grammes, 9 grammes, 7 grammes et 5 grammes; on s'en tient ensuite à cette dernière dose. — Après 12 jours de ce traitement, le bœuf parait entièrement guéri ; les phénomènes d'iodisme avaient été peu accusés chez lui.

4e observation. — Le 16 octobre, M. Delanoy, d'Étrœungt, me présenta une génisse de 18 mois, affectée de « langue de bois ».

On la remet à l'étable et je fais donner de l'iodure de potassium à doses progressivement croissantes. — 5 grammes le 1er jour, puis 6 grammes, 7 grammes, 8 grammes, 9 grammes, 10 grammes, 11 grammes et 12 grammes. — Les signes d'iodisme étaient manifestes dès le 6e jour ; le 8e jour, le coryza, le larmoiement et la desquamation épidermique étaient si accusés que je fis cesser le traitement.

Le 1er novembre, la génisse était complètement guérie.

Tels sont les faits que j'ai observés ; ils sont conformes à ce que vous aviez prévu et paraissent bien établir l'action curative de l'iodure de potassium ; il ne saurait être question d'une simple coïncidence ; je sais bien que parfois l'actinomycose linguale guérit d'elle-même, mais le fait est très rare ; je n'en ai vu que trois exemples, les deux derniers lors de la petite épidémie dont mon frère vous a donné la relation ; des sept bovidés primitivement affectés, les cinq plus malades avaient été sacrifiés pour la boucherie ; les deux autres, moins gravement atteints (ptyalisme, langue volumineuse, dure, parsemée de nodules jaunâtres), furent mis à part, dans de bons pâturages, pendant 15 jours environ ils mangèrent avec beaucoup de difficultés et maigrirent notablement, puis peu à peu, tout revint à l'état normal: au bout de six semaines, il n'y avait plus trace de la maladie et à la fin d'otobre, on les vendit gras pour la boucherie.

Mais, je le répète, ces faits-là sont très rares et, dans les quatre observations reatées ci-dessus, l'heureuse influence de l'iodure de potassium me parait indéniable.

*
* *

J'ai pu de mon côté recueillir une observation semblable, que je vous demande la permission de vous rapporter avec quelques détails ; elle est éminemment démonstrative de la spécificité du traitement Thomassen.

Le 10 mars dernier, M. Godbille me télégraphiait qu'il venait d'observer un cas de *langue de bois* sur le marché de La Villette ; il s'agissait d'une vache de 6 ans, provenant du pays de Bray. Le propriétaire la voyant dépérir chaque jour, voulait la vendre à la boucherie. Je fus assez heureux pour le décider à me la confier, en lui donnant l'assurance que je la lui guérirais et qu'en cas d'insuccès, je lui tiendrais compte de la dépréciation qu'elle aurait subie. Je ne voulais pas manquer cette occasion de faire voir à mes élèves une maladie si curieuse et si rare, et d'expérimenter devant eux le traitement par l'iodure de potassium.

La bête est en assez mauvais état; le flanc est creux; elle a la tête basse; la région de l'auge est comblée par une masse dure, insensible, du volume du bras, non adhérente à la peau dont la sépare un œdème abondant. Par les commissures des lèvres s'écoule incessamment une salive épaisse, visqueuse, filante.

L'exploration de la bouche paraît douloureuse; la bête se défend, surtout lorsqu'on saisit la langue et qu'on essaie de l'attirer au dehors; elle est très volumineuse, surtout à sa base, dure, noueuse, peu flexible; les faces latérales de la partie adhérente sont hérissées de petites nodosités tuberculiformes, dures au toucher, comme enchassées dans l'épaisseur ou à la face profonde de la muqueuse, qui çà et là est ulcérée à la surface; la pression en fait sourdre de petits grains jaunâtres, irréguliers, de consistance assez ferme, qui s'écrasent bien entre deux lames de verre et que le plus simple examen microscopique montre constitués par un amas de gazons touffus d'*actinomyces*, absolument semblables à ceux que l'on trouve dans le pus qui s'écoule par les fistules de l'ostéosarcome de la mâchoire.

La température est normale : 38° 7; 46 pulsations; 12 respirations.

L'animal boit assez bien, mais lentement; il éprouve les plus grandes difficultés à prendre les aliments solides : la préhension du foin se fait assez bien, mais la mastication est très lente et très incomplète. Quant aux betteraves, bien que la vache semble les appéter fortement, elle ne parvient pas, malgré tous ses efforts, à en prendre une quantité appréciable; elle pousse les morceaux contre les parois du seau, réussit parfois à les soulever entre les lèvres ou entre les dents, mais dès qu'elle essaie de mâcher, le morceau retombe dans le seau; c'est à proprement parler le supplice de Tantale; parfois cependant elle parvient à déglutir quelques petits morceaux sans les mâcher.

Je lui fais donner des barbotages au son et à la farine d'orge; mais elle boit si lentement que presque toute la farine se dépose au fond du seau; la vache est impuissante à l'y prendre.

Du 11 mars, jour de son entrée au lazaret, jusqu'au 15 mars, l'état du sujet reste à peu près le même; la tuméfaction de la langue, sa dureté, son inflexibilité augmentent peu à peu; de même on observe un plus grand nombre de nodosités blanc jaunâtre à la surface de la muqueuse et autour du frein de la langue; l'appétit est toujours excellent, mais la préhension et la mastication des aliments solides sont de plus en plus difficiles; le ptyalisme est toujours très intense; la température reste normale.

Pendant ces quatre jours, l'animal n'est soumis à aucun traitement; il est laissé à la disposition des élèves qui l'examinent avec empressement.

Le 15 mars, je fais commencer le traitement Thomassen : on administre, en une fois, 6 grammes d'iodure de potassium en solution dans un demi-litre d'eau; les ours suivants, on porte la dose à 8 grammes qu'on donne en deux fois, avant les repas du matin et du soir.

Dès le 18, il semble qu'il y ait déjà du mieux dans l'état de la malade; elle salive toujours autant, mais la langue paraît un peu plus mobile et la préhension des aliments plus facile; la vache essaie fréquemment de se lécher au niveau des épaules et des côtes, comme si elle éprouvait un violent prurit.

Le 19, les signes de l'iodisme sont déjà manifestes, les yeux commencent à larmoyer, il y a du jetage muqueux, transparent, peu abondant, les excréments sont ramollis, la bête a dû se lécher fréquemment, car les poils sont mouillés et rebroussés sur les côtes et les épaules.

La préhension des aliments se fait déjà beaucoup mieux, la langue a certainement diminué de volume, elle est moins dure et plus flexible.

Le 21, l'amélioration continue, la vache se défend moins, quand on saisit la langue pour l'attirer au dehors, les nodosités jaunâtres sont moins nombreuses; en beaucoup de points, il n'y a plus qu'une sorte de cicatrice superficielle, rougeâtre et non encore pourvue d'épiderme ; les signes d'iodisme s'accentuent : larmoiement, jetage muco-purulent, érythème généralisé provoquant un vif prurit ; les côtes sont couvertes de salive mousseuse ; sur le bord supérieur et sur les côtés de l'encolure, au périnée, on trouve de larges pellicules épidermiques jaunâtres, minces et fragiles ; les excréments sont très mous, sans qu'il y ait de diarrhée.

Le 23, l'exfoliation épidermique est généralisée ; de toute la surface du corps se détachent de larges plaques jaunâtres ; la bête semble faire peau neuve. Larmoiement et jetage abondants ; un peu de diarrhée.

Le ptyalisme, la tuméfaction de l'auge ont à peu près complètement disparu ; l'animal prend très facilement le foin, les betteraves, le barbotage, il mange jusqu'à sa litière.

Le 24, j'explore la langue avec soin ; je n'y trouve plus trace des granulations jaunâtres du début ; elle a repris ses dimensions primitives, elle est redevenue souple et mobile, quand elle ne mange pas, la bête ne cesse pour ainsi dire pas de se lécher les épaules, les côtes, les membres.

Je fais cesser l'administration de l'iodure de potassium (1).

Ces observations montrent qu'en France comme en Hollande, l'iodure de potassium guérit promptement et radicalement l'actinomycose de la langue. C'est un fait des plus intéressants au point de vue scientifique, plus encore peut-être qu'au point de vue pratique. C'est la première fois, à ma connaissance, que l'on signale en vétérinaire, un traitement spécifique, toujours et rapidement efficace, d'une maladie parasitaire grave au point que l'abattoir paraissait être le seul moyen de tirer quelque parti des animaux atteints. L'effet du médicament est si rapide, si radical que cela tient du merveilleux, et j'avoue que si je n'avais pas connu M. Thomassen, avec son bon sens, sa prudence, son horreur de l'exagération et de l'enthousiasme irréfléchi, je n'eusse pas accepté sans scepticisme, sa formule si absolue, à savoir que *le traitement par l'iodure de potassium est infaillible*. S'il en eût été besoin, l'observation que je viens de résumer aurait levé tous les doutes.

J'avoue que je serais bien en peine d'expliquer l'action mystérieuse de l'iodure. J'ai entrepris des expériences à cet égard ; elles ne m'ont jusqu'ici donné aucun résultat appréciable. Tout ce que je puis dire, c'est que l'addition de fortes proportions d'iodure de potassium (jusqu'à un pour cent) à la gelose glycérinée ne modifie en rien la rapidité ou la richesse de la culture de l'actinomyces.

En dehors des bovidés, le porc est le seul de nos animaux domestiques qui soit assez fréquemment atteint d'actinomycose.

---

(1) Depuis cette époque, la guérison ne s'est pas démentie et la vache a repris de l'embonpoint. — (7 Avril.)

Les Allemands ont signalé depuis longtemps la fréquence de l'actinomycose du pharynx (polype pharyngien, lymphôme, lymphosarcôme du pharynx); ce sont des tumeurs molles, gênant la déglutition et parfois la respiration ; leur tissu est farci de petits grains d'actinomyces. Je ne crois pas qu'on en ait observé en France.

Par contre, je suis heureux de pouvoir vous présenter un bel exemple d'actinomycose de la mamelle, qui a été recueilli à l'abattoir de la Villette par M. Greffier. L'organe formait une tumeur du volume de la tête d'un enfant. Cette tumeur dure, mamelonnée, noueuse, résulte de l'agglomération d'un nombre considérable de petites tumeurs développées dans l'épaisseur de la glande ; chacune de ces petites tumeurs est arrondie, du volume d'une noisette à celui d'une noix, formé d'une coque fibreuse extrèmement épaisse emprisonnant une substance molle, grisâtre, piquetée de petits grains légèrement jaunâtres que le microscope montre formés d'un amas de gazons d'actinomyces.

Cette autre pièce, recueillie par M. Greffier, est la *toilette* d'une truie grasse ; comme vous le voyez, elle est hérissée de tumeurs arrondies, luisantes à la surface, fermes et résistantes, les plus grosses obscurément fluctuantes ; leur volume est très variable, depuis celui d'un grain de chènevis jusqu'à celui d'une petite noix ; à première vue, on pouvait songer à de la tuberculose péritonéale ; l'incision des tumeurs les montre identiques à celles de la mamelle : coque indurée très épaisse, incarcérant un tissu homogène, très mou, grisâtre, piqueté de petits grains d'actinomyces. Nulle part ailleurs il n'existait de lésions semblables ou autres. Il est probable que la truie a été infectée au moment de la castration.

Enfin voici une troisième pièce curieuse et rare, également recueillie par M. Greffier voilà plus de deux ans. Ce sont des fragments de reins de porc envahis par des tumeurs qui donnaient *a priori* l'impression de néoplasies (sarcomateuses ou lymphadéniques). Les deux reins étaient atteints, à l'exclusion de tous autres organes. Les tumeurs étaient développées dans la couche corticale, saillantes à la surface, les plus grosses du volume d'une noix, ombiliquées et ridées ; sur la coupe leur tissu était granuleux, blanchâtre, un peu ramolli par places ; entre les tumeurs, le tissu du rein était absolument normal. L'examen microscopique montre qu'il s'agit en réalité d'actinomycomes, c'est-à-dire de fibro-sarcômes parsemés de nodules tuberculiformes développés autour de gazons d'actinomyces encore jeunes, non infiltrés de calcaire. Histologiquement chacun de ces nodules reproduit exactement le follicule de Köster : Partie centrale plus ou moins caséeuse, cellules géantes multinucléées, cellules épithélioïdes volumineuses, le tout emprisonné dans une couche plus ou moins épaisse de cellules fusiformes disposées concentriquement et dont la périphérie se fusionne graduellement avec le tissu propre

de la tumeur ; l'agent spécifique est représenté ici par des touffes d'actinomyces ; çà et là, on en trouve de très petits fleurons, au centre d'une cellule
géante.

Comment se sont développées ces tumeurs ? Quelle a été la porte d'entrée
du parasite ? Je ne crois pas possible de répondre à ces questions d'une façon
satisfaisante.

*
* *

L'étiologie de l'actinomycose est à peine ébauchée ; la découverte du champignon parasite l'a fait considérer par beaucoup d'auteurs comme une
maladie contagieuse et je vous rappelais tout à l'heure les déductions que
certains en tiraient. — Lorsqu'on voit plusieurs animaux d'une même
étable, d'un même pâturage, prendre successivement la même maladie on est
tout naturellement porté à croire que le premier malade a contaminé ses
voisins l'un après l'autre. Mais la multiplicité des malades peut aussi
s'expliquer, et tout aussi bien, si l'on admet que le parasite pénètre dans
l'organisme animal soit avec l'air, soit avec les aliments liquides ou solides,
air et aliments étant identiques pour tous les animaux de la même étable ou
de la même pâture.

Il y a de nombreuses raisons de croire que l'actinomyces est introduit avec
les aliments herbacés, grains, pailles ou fourrages. La maladie n'a été
observée jusqu'à présent que sur des animaux herbivores ou omnivores, —
bœuf, mouton, porc, homme ; les carnivores semblent être réfractaires.
C'est pendant la saison des regains, d'août à octobre, que l'actinomycose de
la langue, la forme la plus rapide de l'affection, se montre surtout et presqu'ex-
clusivement sur les animaux qui sont au pâturage. — Il existe dans la
science un certain nombre d'observations où l'on a pris sur le fait le mode de
pénétration du parasite : Piana a publié un fait d'actinomycose linguale où la
lésion procédait manifestement d'une plaie fistuleuse dans laquelle il a
retrouvé une barbule d'orge encore recouverte d'actinomyces. Jöhne a
trouvé de nombreux parasites à la surface de fragments herbacés fixés entre
les piliers du voile du palais chez un porc.

La pénétration et le séjour dans les tissus du corps étranger, véhicule du
parasite, facilite de beaucoup l'infection ; c'est ce qui explique la fréquence
de la lésion au voisinage des alvéoles dentaires, là où séjournent des parcelles
alimentaires ; et c'est un fait bien connu des médecins que l'actinomycose des
mâchoires s'observe surtout chez des personnes qui ont des dents cariées ; le
docteur Guermonprez en signalait récemment à l'Académie un remarquable
exemple. Toute solution de continuité de la muqueuse buccale peut servir de
porte d'entrée au parasite que les aliments herbacés semblent, à certaines
époques de l'année et dans certains pays, porter en quantité notable ; c'est

ainsi qu'en Italie, en Bavière, en Poméranie, on a observé beaucoup plus de *langues de bois* à la suite des épizooties de fièvre aphteuse ; c'est pour cette raison aussi que la lésion de la langue débute toujours par la partie renflée de l'organe, là où le contact immédiat avec les aspérités des dents molaires entraîne fréquemment des solutions de continuité, — éraillures ou plaies plus ou moins pénétrantes de la muqueuse.

Les lésions pulmonaires s'expliquent bien par l'inhalation des poussières et surtout par la chute dans la trachée de parcelles alimentaires porteurs du champignon. Il en est de même pour les lésions de la mamelle dont je vous montrais tout à l'heure un si curieux exemple : les parasites répandus sur le sol ou dans les litières peuvent aisément pénétrer et végéter dans les canaux galactophores.

L'envahissement des séreuses et des viscères abdominaux est plus difficile à expliquer ; cependant on peut admettre l'inoculation directe des parois intestinales, leur perforation par des parcelles alimentaires infectantes et l'ensemencement des germes à la surface du péritoine. Pour le cas si intéressant que je vous ai montré tout à l'heure, il ne me paraît pas douteux que l'infection résultait de la pénétration directe des germes dans le péritoine au moment où la truie a été châtrée.

Quant aux tumeurs des reins que je vous ai présentées, je n'ai pas d'interprétation satisfaisante à vous soumettre.

Quoi qu'il en soit, les considérations dans lesquelles je viens d'entrer suffisent pour montrer le rôle prédominant de l'alimentation végétale dans le développement de l'actinomycose. Mais la maladie ainsi provoquée est-elle contagieuse ? Un bœuf malade peut-il transmettre son mal à ses voisins ? Constitue-t-il un danger pour les personnes qui sont chargées de lui donner des soins ? L'homme prend-il l'actinomycose des animaux malades, comme il reçoit d'eux la morve ou la rage, comme il peut en recevoir la fièvre aphteuse, la trichinose, la ladrerie et même la tuberculose ?

A coup sûr la question n'est pas entièrement résolue ; mais on peut dire que si l'actinomycose est contagieuse, en tout cas, elle ne l'est qu'à un si faible degré que le danger de la contagion peut-être considéré comme négligeable. C'est dans les pays où la maladie est rare que la question peut être étudiée le plus utilement. En France par exemple, chaque vétérinaire voit de loin en loin, dans sa clientèle, quelques cas d'osteosarcôme de la mâchoire. Ces cas restent toujours isolés, bien que les animaux puissent vivre au milieu de leurs voisins pendant de longues années. L'actinomycose de la mâchoire n'a aucun retentissement sur la santé générale du sujet ; tant que les progrès incessants, mais très lents, de la néoplasie n'ont pas intéressé les alvéoles dentaires, déchaussé et mobilisé les molaires, les animaux, vivent, mangent, travaillent, engraissent ou donnent du lait, autant et aussi bien que leurs voisins ; eh bien, quelle que soit la durée de leur séjour dans l'étable, si intimes que soient leurs contacts avec leurs voisins, jamais on ne voit le mal gagner quelqu'autre des habitants de l'étable et cependant, de temps en temps, on voit la tumeur se ramollir en un point de son contour et s'ulcérer, laissant des fistules longtemps persistantes, par où s'écoule un pus très riche en parasites ; néanmoins, je le répète, on ne connaît pas d'exemple de contagion directe.

On sait d'ailleurs combien il est difficile de provoquer l'actinomycose expérimentalement ; quels que soient le mode d'inoculation et la quantité de matière inoculée, qu'on l'ait empruntée à des cultures pures ou à des lésions fraîches, le résultat est toujours négatif ; quelques auteurs ont bien réussi à provoquer le développement de tumeurs chez des animaux qui avaient reçu dans le péritoine des fragments plus ou moins volumineux d'actinomycômes ; mais l'inoculation en série a toujours échoué, en sorte qu'on est conduit à penser que, pour être apte à se reproduire de nouveau dans un organisme animal, le champignon doit peut-être passer par un milieu différent. Nous ne savons rien de cette période évolutive de l'actinomyces ; mais il est permis de supposer que les végétaux, grâce auxquels il pénètre dans l'organisme, ne lui servent pas seulement de véhicule, mais qu'ils lui ont probablement fourni un substratum nécessaire ou simplement utile à cette phase ignorée de son évolution.

Si l'on admet cette hypothèse, on comprend mieux l'histoire comparée de cette affection ; on s'explique aisément comment sur soixante-quinze observations d'actinomycose humaine dépouillées par Moosbrugger, une seule fois le malade avait été en contact avec des animaux atteints de tumeur de la mâchoire, tandis que pour quarante-neuf cas il s'agissait de personnes que leur profession n'obligeait pas à approcher des bestiaux.

La conclusion qui s'impose, c'est que la source d'infection est la même pour l'homme et pour les animaux, et que vraisemblablement ce sont les graminées qui servent de véhicule au parasite. Pour la plupart des cas d'actinomycose humaine où l'on a pu remonter à la cause, il s'agissait de personnes ayant mâché ou avalé par mégarde des brins de paille, des épis ou des grains de blé ou d'orge.

Efforçons-nous donc d'élucider les conditions de la vie saprophytique du champignon, c'est le seul moyen d'établir sur une base solide les règles d'une prophylaxie efficace de l'actinomycose de l'homme et des animaux.

23556   Paris. — Imp. A. MAULDE et Cⁱᵉ, 144, rue de Rivoli.